· 美国家庭亲子理财启蒙书 ·

Money For Entertainment

我会用零花钱

玩得有意义

（美）玛丽·伊丽莎白·萨尔兹曼 著

郑蓉 译

U0352448

海天出版社

· 深圳 ·

图书在版编目（CIP）数据

我会用零花钱玩得有意义／（美）玛丽·伊丽莎白·
萨尔兹曼著；郑蓉译． — 深圳：海天出版社，2019.4
（美国家庭亲子理财启蒙书）
ISBN 978-7-5507-2555-3

Ⅰ．①我… Ⅱ．①玛… ②郑… Ⅲ．①财务管理—少
儿读物 Ⅳ．① TS976.15-49

中国版本图书馆 CIP 数据核字（2018）第 283779 号

著作权合同登记号：图字 19-2018-023

Original title: Money for Entertainment
Written by Mary Elizabeth Salzmann and illustrated by Diane Craig
Copyright © 2011 by Abdo Consulting Group, Inc.
Published by Magic Wagon, a division of the ABDO Group
All rights reserved.
The simplified Chinese translation rights arranged through Rightol Media （本书中
文简体版权经由锐拓传媒取得 Email:copyright@rightol.com）

我会用零花钱玩得有意义
WO HUIYONG LINGHUAQIAN WANDE YOU YIYI

出 品 人　聂雄前
责任编辑　涂玉香　张绪华
责任技编　陈洁霞
封面设计　王　佳

出版发行　海天出版社
地　　址　深圳市彩田南路海天大厦（518033）
网　　址　www.htph.com.cn
订购电话　0755-83460239（邮购）0755-83460397（批发）
设计制作　深圳市童研社文化科技有限公司
印　　刷　深圳市华信图文印务有限公司
开　　本　889mm×1194mm　1/24
印　　张　1
字　　数　20 千字
版　　次　2019 年 4 月第 1 版
印　　次　2019 年 4 月第 1 次印刷
定　　价　14.80 元

目录

硬币和纸币

1 分硬币	1 美分	1 美分 或 0.01 美元
5 分硬币	5 美分	5 美分 或 0.05 美元
1 角硬币	10 美分	10 美分 或 0.10 美元
2 角 5 分硬币	25 美分	25 美分 或 0.25 美元
1 元纸币	1 美元	1 美元 或 100 美分

其他硬币

这两种硬币的币值分别为 50 美分和 1 美元。

其他纸币

还有一些币值超过 1 美元的纸币。每张纸币的四个角上都印有数字，这些数字就表示这张纸币的币值。

花钱消费

花钱消费的时候，你需要考虑以下几个重要因素。

价格
价格，是指当你购买一件商品时所需要付出的钱。

数量
数量，是指你要购买的商品的数目。

质量
质量，是指一件商品是否制作精良，或是否具有良好的性能。

价值
价值，反映在一件商品的价格、数量和质量上。在决定购买一件商品前应该充分考虑它所具有的价值。

认识一下大卫小朋友

大卫的爸爸妈妈平时会给他一些零用钱，他可以自己决定用这些钱买些什么。我们来看看大卫在购物的时候是如何做出精明的决定的。

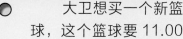

大卫的目标

大卫想买一个新篮球，这个篮球要 11.00 美元。他决定平时节省一点，存下足够的钱去买新篮球。

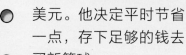

大卫的存款

大卫把平时省下来的零钱都放进他的"猪猪"存钱罐里存起来。他每次只能存一点点零钱，不过，钱是会积少成多的。

数一数，
钱够不够去娱乐城玩

大卫要去一家娱乐城玩游戏，爸爸妈妈给了他一些纸币和硬币。爸爸妈妈一共给了大卫多少钱呢？我们来计算一下。

★ 先把所有的钱币按照币值分类，然后分别算出每一类钱币的币值总和。

★ 分别算出每一类钱币的币值总和后，再把所有的币值总和加起来。

1美元

计算一下纸币的币值：

有三张1美元的纸币，加起来一共是3美元

写出全部纸币的币值：3美元

写成：$3.00

将第一组和第二组的币值加起来

$3.00
+ $1.00
$4.00

25美分

将硬币分组，以美元为单位计算

有4个25美分的硬币，加起来一共是1美元

以美元为单位，写出这组硬币的全部币值：1美元

写成：$1.00

得出前两组的币值总和是4美元

计算一下余下的硬币的币值

10美分

5美分

1美分

有2个10美分的硬币，加起来一共是20美分

有4个5美分的硬币，加起来一共是20美分

有6个1美分的硬币，加起来一共是6美分

算出这些硬币的币值：
20美分+20美分+6美分
=46美分

写出余下的硬币的全部币值要以美元为单位，而不是以美分为单位
46美分就是0.46美元

写成：$0.46

将余下的硬币的币值总和与前两组的币值总和加起来

$4.00
+ $0.46
$4.46

★ 大卫的所有纸币和硬币的币值加起来一共是4.46美元。

7

算一算 手上共有 多少钱？

大卫的父母给了他 4.46 美元让他玩电子游戏，大卫的爷爷又给了他 1.00 美元。现在大卫手上一共有多少钱呢？

我在纸上计算了一下，现在我一共有 5.46 美元。在本页的下方你可以看到我的计算过程。

★ 做一道加法题

小数加法与整数加法的计算方法很类似

先将小数点对齐	从算式的最右边开始计算，将同一个数位上的数字相加	在得数里加上小数点。这个小数点要与算式里其他小数点的位置对齐 在答案的前面加上表示美元的符号 $
$4.46 + $1.00	$4.46 + $1.00 —— 6	$4.46 + $1.00 —— $5.46

做一道减法题

小数减法与整数减法的计算方法很类似

先将小数点对齐

$5.46
$— $4.25

从算式的最右边开始计算，将同一个数位上的数字相减

$5.46
$— $4.25
1

在得数里加上小数点。这个小数点要与算式里其他小数点的位置对齐

在答案的前面加上表示美元的符号 $

$5.46
$— $4.25
$1.21

大卫一共有 5.46 美元，他玩电子游戏要用 4.25 美元。大卫现在还剩下多少钱？

太好了，这样我还剩下 1.21 美元，可以放进"猪猪"存钱罐里存起来！在本页的上方你可以看到我的计算过程。

大卫本来有 5.46 美元，花掉了 4.25 美元，现在他还有 1.21 美元。大卫将剩余的钱全都放进了他的"猪猪"存钱罐里。

大卫的"猪猪"存钱罐：

$0.00
+ $1.21
$1.21

逛大市集

大卫在逛大市集，他想玩两种游乐设施。玩游乐设施的钱不能超过 6.00 美元。

大卫应该选哪两种游乐设施玩？

4.00 美元

3.00 美元

2.00 美元

5.00 美元

算一算

一些游乐设施的组合价格超过了 6.00 美元。如右图中的例子

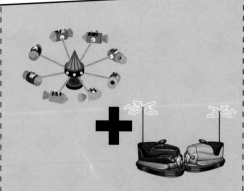

5.00美元+2.00美元=7.00美元

3.00美元+5.00美元=8.00美元

做决定

大卫可以有两种选择：玩过山车和碰碰车，或者玩摩天轮和碰碰车。因为玩其他游乐设施的组合价格都太高了

4.00美元+2.00美元=6.00美元

3.00美元+2.00美元=5.00美元

如果大卫玩过山车和碰碰车，他的钱就要全部花光；如果他玩摩天轮和碰碰车，他还能剩下 1.00 美元。他会选哪些游乐设施玩呢？

我打算玩摩天轮和碰碰车，这样我就可以省下 1.00 美元，放进我的"猪猪"存钱罐里存起来。

大卫一共有 6.00 美元，花了 5.00 美元，现在他还剩下 1.00 美元。大卫把剩下来的钱全部放进了他的"猪猪"存钱罐。

大卫的
"猪猪"存钱罐：

$1.21
+ $1.00
――――――
$2.21

11

算一算要花多少钱？

大卫逛大市集时最爱吃的食品就是玉米热狗肠和焦糖裹苹果。一条玉米热狗肠要 1.45 美元，一个焦糖裹苹果要 1.74 美元。大卫买这些零食一共要花多少钱？

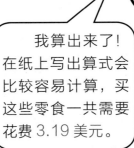

我算出来了！在纸上写出算式会比较容易计算，买这些零食一共需要花费 3.19 美元。

1.45 美元　　　　　1.74 美元

做一道加法题

小数加法与整数加法的计算方法很类似

先将小数点对齐	从算式的最右边开始计算，将同一个数位上的数字相加	当某一数位上的数字之和大于或等于 10 的时候要向前一个数位进 1	在得数里加上小数点，这个小数点要与算式里其他小数点的位置对齐
$1.45 + $1.74	$1.45 + $1.74 ___ 9	1 $1.45 + $1.74 ___ 19	$1.45 + $1.74 ___ $3.19

★ **做一道减法题**

小数减法与整数减法的计算方法很类似

先将小数点对齐	从算式的最右边开始计算，将同一个数位上的数字相减	当前数位的数字不够减时，要向前一个数位借1，借1当10，再做减法	在得数里加上小数点，这个小数点要与算式里其他小数点的位置对齐
$4.09 − $3.19	$4.09 − $3.19 ――― 0	³¹⁰ $4.0̸9 − $3.19 ――― 90	$4.09 − $3.19 ――― $0.90

算一算 还剩下多少钱？

大卫的父母给了他 4.09 美元让他在逛市集的时候买东西吃，大卫了解到买零食一共要花 3.19 美元。他还剩下多少钱？

我可以省下 0.90 美元存进我的"猪猪"存钱罐！在本页的上方你可以看到我的计算过程。

大卫有 4.09 美元，花了 3.19 美元，现在他还有 0.90 美元。大卫把剩下的钱放进他的"猪猪"存钱罐里存了起来。

大卫的"猪猪"存钱罐：

$2.21
+ $0.90
―――
$3.11

购买饮品

大卫最喜欢在看电影的时候吃爆米花和喝饮品了！他可以用不超过 5.00 美元的钱买饮品。

大卫应该买哪种饮品呢?

3.75 美元

3.75 美元

3.75 美元

想一想

要买到物有所值的饮品，大卫需要考虑价格和数量这两个因素

价格

三种饮品的价格全都一样

数量

苏打水最大杯，有 32 盎司
果汁是中等杯装的，有 12 盎司
思乐冰最小杯，只有 8 盎司

做决定

大卫有足够的钱，这三种饮品他都能买得起，但是他要考虑各种饮品的份量

苏打水

苏打水有 32 盎司，比其他饮品都要多很多。不过大卫不知道自己的肚子是否能装下那么多的饮品

果汁

大卫喜欢喝果汁。一杯果汁有 12 盎司，大卫相信一杯果汁已经足够他看电影的时候喝了

思乐冰

大卫很喜欢思乐冰，这是他最喜爱的饮品，但是一杯思乐冰只有 8 盎司，应该不够他看电影的时候喝

对大卫来说，选择果汁是最合适的。虽然花同样的钱可以买到更多的苏打水，但是大卫知道，看一场电影不需要喝那么多的饮品。

我打算买一瓶果汁，因为买果汁是最合适的，虽然花同样的钱可以买到更多的苏打水，但是看一场电影我不需要喝那么多的饮品。

大卫一共有 5.00 美元，花掉了 3.75 美元，现在他还剩下 1.25 美元。大卫把用剩的钱全都放进了他的"猪猪"存钱罐里。

大卫的"猪猪"存钱罐：

$$\begin{array}{r} \$3.11 \\ +\ \$1.25 \\ \hline \$4.36 \end{array}$$

我再也撑不住了！

大卫和梅森在电影院里看电影，他们一起分享一桶爆米花，然后各人喝自己准备的饮品。大卫买了果汁，梅森则挑选了苏打水，因为苏打水最大杯。谁做出了更好的选择呢？我们来看看后来发生了什么？

（啧啧声）我的苏打水真是太好喝了！（啧啧声）大卫，我敢打赌你肯定希望自己也买了苏打水！（啧啧声）

不会呀，我很高兴我买了果汁。果汁已经够我在看电影时喝了。

（啧啧声）我就喜欢喝苏打水！（啧啧声）

嘘，别说话，电影开始了。

看来做出了更好的购物选择的人是大卫，他买的饮品足够他看电影的时候喝，而且他还看了一场完整的电影，不用中途跑出去上厕所。

购买
棒球比赛的纪念品

大卫的爸爸带他去看了一场棒球比赛，还给了大卫 20.00 美元，让他去买一件棒球衣做纪念。大卫希望买一件比较耐穿的棒球衣。

大卫应该选择哪一件球衣呢？

9.50 美元

20.00 美元

13.00 美元

想一想

要买到物超所值的棒球衣，大卫需要考虑以下两个因素：价格和质量

价格

红色球衣的价格最低，棒球队的队服价格最高

质量

棒球队的队服是用最厚的布料做成的，因此质量最好。红色球衣是用廉价布料制成的，因此质量最差

做决定

大卫有足够的钱，三种球衣他都买得起。他仔细考虑了每一件球衣的价格和质量

红色球衣

红色球衣价格最低，但是质量也是最差的。如果买这件球衣，大卫可以省下很多钱，但是，多洗几次，这件球衣肯定就不能穿了

棒球队服

棒球队的队服质量最好，但是也是最昂贵的。这件球衣肯定能经受住很多次的洗涤，但是如果买这件球衣，大卫就要花光所有的钱了

蓝色球衣

蓝色球衣价格不算太贵，而且它是用结实的布料做成的，是一件价格适中质量又好的球衣。如果买这件球衣，大卫不用花光所有的钱，还能得到一件很耐穿的球衣

大卫觉得红色球衣不够结实，他对这件球衣的质量不满意。
棒球队的队服太昂贵了，大卫不想花费太多的钱。
大卫觉得蓝色球衣看上去非常结实，而且还不用花太多的钱。

我打算买那件蓝色球衣，因为它价格不贵而且质量很好，这样我就可以省下 7.00 美元，放进我的"猪猪"存钱罐里存起来。

大卫有 20.00 美元，花掉了 13.00 美元，现在他还有 7.00 美元。大卫把用剩的钱都放进了他的"猪猪"存钱罐里。

大卫的"猪猪"存钱罐：

$$\begin{array}{r} \$4.36 \\ +\ \$7.00 \\ \hline \$11.36 \end{array}$$

加油，
鲨鱼队！

买东西的时候选择最便宜的，并不一定正确。通常便宜的东西质量都不会太好。如果买回来的东西让你感觉不满意，那么这种省钱的方法也不见得合理。

嗨，大卫！你要参加这周的棒球比赛吗？

当然！我还买了这件新球衣，上面有我们队的标志呢！我打算每一场比赛都穿它上场。

我也买了一件球衣，打算在比赛的时候穿。我这件球衣可便宜了，为我省下了好多钱呢！

看来大卫挑选的棒球衣比奥莉薇亚的好，大卫的棒球衣耐穿又不会褪色。

学会储蓄

大卫一共攒下了 11.36 美元，他存的钱足够买新篮球了。

大卫的目标是用 11.00 美元买一个新的篮球。他平时一点一点地存钱，最后，他终于能够买新篮球了！对自己平时购买东西时做出了正确的决定，大卫感到很自豪。

11.36美元

11.00美元

物有所值

要记住商品的价值反映在一件商品的价格、数量和质量上。通常情况下你无法三者都兼顾到，因此在做出购买决定之前，你必须对这三者进行充分的考虑，判断其中哪一个因素对你来说是最重要的。如果学会了充分考虑商品的价值，你就能做出正确的购买选择。

如何在娱乐活动时让钱花得有意义

寻找优惠券

在报纸上或网上找一下，也许你能找到一些优惠券，到娱乐城玩娱乐设施时使用优惠券可以享受折扣。

促销日或折扣时段

有的娱乐活动场所在一些特殊的日子或时段会提供优惠价格，例如，下午6点前的电影票通常都会很便宜。

购买团体票

如果很多人一起购买某种娱乐活动的票，通常能够得到比较优惠的票价。

词汇表

★ **优惠券**：让消费者能够享受一定折扣的凭证，通常是纸质的。

★ **折扣价**：商家为了促销而设定的低于平时的商品价格。

★ **目标**：指你努力想做到或尽力想完成的某件事。

★ **队服**：一个运动队统一穿着的运动衣，通常是短袖或夹克衫。

★ **选项**：可供选择的东西或项目。

★ **组织，安排**：指以某种方式将物品分类或安放。

★ **纪念品**：用于纪念人、地方或事件的物品。

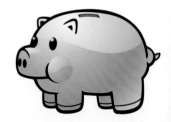